kinokonoki

きになるきのこのきほんのほん

きのこのき

新井文彦

文一総合出版

コケの間から生える小さなコウバイタケは、
初夏から晩秋まで発生と消滅を繰り返す

清流脇に生えるカツラの大木に
目にも鮮やかなマスタケが発生

ようこそ、きのこワールドへ！

きのこ。

知らない人はいないですよね。スーパーマーケットへ行けば、野菜コーナーの一角に、シイタケやマイタケやエノキタケなど、たくさんのきのこが所狭しと並んでいますし、料理店へ入れば、和洋中を問わず、ありとあらゆるきのこ料理を食べることができます。秋の味覚を代表するマツタケの香りと味に魅了されてしまった人も、きっと少なくないでしょう。確かに、きのこは第一級の食材です。

一方、きのこは、あのフグと同じように、猛毒を持っていることでも広く知られています。秋ともなれば、毒きのこを誤食したというニュースが飛び交い、腹痛や下痢などの中毒症状ならまだしも、時には死亡事故さえ報告されています。

おいしいけど種類によっては猛毒を持っている「食べ物」。それがきのこに対しての一般的な印象ではないかと思います……。

そんな世間一般のきのこへの認識とはやや異なる、「きのこブーム」のようなものが、ここのところ、じわじわと広がりをみせています。きのこを愛してやまない「きのこ女子」が、テレビや新聞などのメディアで紹介されることも珍しくありません。また、書店へ行けば、写真集や図鑑以外にも多種多様なきのこ関連本を手に取ることができますし、全国各地の百貨店や大型量販店、あるいはイベントスペースなどでは、さま

ざまなテーマのきのこ関連イベントが随時開催されています。さらには、きのこ知識の習得度をはかる「きのこ検定」もスタート……。
もともより、きのこの愛らしい姿は、物語やアートなどのモチーフとしては定番。フィギュアや携帯ストラップにもきのこが登場して人気を集めています。インターネットを使えば、さまざまな人が発信する膨大なきのこ情報に、リアルタイムでアクセスできますし、自分自身がきのこ情報を発信することも可能。きのこ人気に、ますます拍車を掛けています。

きのこは、美しい。
きのこは、かわいい。

そう、きのこは、食べ物としてはもちろん、生物としてもすごく魅力的なんですよね。まずは、じっくりと、写真をご覧あれ。形や、色や、生態など、きのこがこんなにも多種多様であることに、驚かれる人もいると思います。そして、写真できのこを堪能したら、いざ、きのこ観察に出発！ぜひ、野外へ出かけてみてください。この本が、きのこに興味を持つきっかけになれたら、すごく嬉しいです。

では、ご一緒に、きのこの世界をのぞいてみましょう。

もくじ

083

第3章

きのこのきもち

番外編

きのこに、乾杯！

地球上で最大の生物は何でしょう？

いきなり質問から始めましたが、勘のいい方は、正解を知らずとも、頭の中にぱっと答えが浮かんできたのではないかと思います……。

お察しのとおり、答えは、きのこ。

アメリカのオレゴン州の森で、地中に広がるオニナラタケの菌糸を調査したところ、約二二〇〇エーカー（東京都中央区と同じくらいの面積）にわたって、同じ遺伝子を持っていることが確認されました（二〇〇三年結果発表）。もしこれがひとつの個体だとすれば、推定重量は六〇〇トン！ 年齢は二四〇〇歳にもなるとのこと（もっと小さいコロニーが点在しているという意見もありますが……）。

なぜ菌糸（きんし）の調査が行われたかというと、地中に広がっている糸のような構造の菌糸こそが、きのこの本体だから。我々が通常「きのこ」と呼んでいるものは、実は、きのこのほんの一部、子実体（しじつたい）という胞子をつくる器官にすぎないんです。

と、いうことで、きのこは、アフリカゾウより、シロナガスクジラより、ジャイアントセコイアよりも大きい、世界最大の生物であるという説が有力視されています。

何はともあれ、きのこ、すごいですよね。

スポンジのような手触りのノウタケは、
成熟すると外皮が裂け、露出した胞子が風に舞う

きのこの写真を撮ることがぼくの主な仕事なのですが、ずっと昔からきのこのことが好きだったわけではありません。

撮影のメインフィールドは、北海道の東部に位置する阿寒湖周辺。ここでは、写真を撮るだけではなく、前々から、ネイチャーガイドとして森へお客さんを案内してきました。北海道の東部は亜寒帯（本州は温帯）に区分される「北の国」なので、本州とは違って、わざわざ標高の高い山に登らなくても、公園や郊外の自然が豊かな場所へ行けば、けっこう多くの高山植物を見ることができます。可憐で美しい花々が手軽に楽しめるので訪れた人は大喜びですが、それは短い夏に限った話。秋の声を聞いて、高山植物の花々が終わってしまうと、ガイドをするときの「ネタ」が多少心もとなくなってしまうんですね。

そこで、きのこです。なんせ、オンシーズンの初夏から晩秋まで、探すともなく、木や、倒木や、地面など、森のいたるところににょきにょき生えていますから。ちょっと調べてお客さんに説明すると想像以上に好評で、秋以降のガイドでは、きのこ観察がメインになりました。きのこは、調べれば調べるほど面白く、本当に興味深い生物です。

そして、気がつけば、ずるずるときのこの世界へ……。

きのこの魅力をひと言で表現するのはとても難しいです。例えば、鉄道ファンは、

鉄道の写真を撮影するのが好きな人や、実際に電車に乗って旅をするのが好きな人、また、鉄道模型を楽しむ人、切符や鉄道グッズなどを収集する人など、それぞれが複合的に鉄道を楽しんでいます。きのこも同じこと。食べるのが好きな人、とにかくたくさんの種類を見たい人、珍種あるいは新種を見つけたい人、写真を撮りたい人（ぼくです！）、絵を描きたい人、グッズをつくったり収集したい人などなど、いろいろな楽しみ方があります。

おそらく、きのこファンの圧倒的多数は、食べることを目的にした「きのこ狩り派」でしょう。野山を歩いたら楽しいし、おまけにすごくいい運動になるし、採れたきのこは食べたらおいしいし、人にあげたら感謝されるし、いいことずくめですからね（ただし、くれぐれも毒きのこにはご用心）。

自然の風景や草花の写真をメインに撮影する、ネイチャーフォトグラファーはたくさんいますけど、きのこの写真を撮る人となると残念ながらまだまだ少数派。でも、きのこは被写体としてすごく魅力的です。じっくり観察してみると、大きいもの、小さいもの、傘があるもの、ないものなど、形状はさまざま。加えて、色も多種多様だし、ひとつひとつのパーツのデザインも面白いし、決して大袈裟ではなく、撮影したくなるようなポイントが多すぎて困るほどです。また、生えている場所が多岐にわたるので、美しいパーツを強調するマクロ写真から、発生環境を取り入れた風景写真まで、バリエーション豊かな撮影を楽しむことができます。

そして、何より、きのこを見ることは、自然を観察すること。きのこというフィルターを通して、じっくり自然と対峙することでしか味わえない、未知の世界、新しい

ヒダの造形の美しさに加え、
青空と森の木々がつくる背景にも目を奪われる

発見が、たくさんあるんです。もしかしたらこれが、きのこを通じて得ることができる、いちばん素敵な体験かもしれません。

食べておいしいだけではなく、薬になったり、虫除けになったり、染め物の原料に使われたり、おまじないに用いられたりと、きのこは、遥か昔から世界中のいろいろな場面で、人間の生活と関わっています。長らくきのこ写真の第一線に立ち、現在は「糞土師」として活躍されている伊沢正名氏によれば、野外で用を足したとき、お尻を拭くのに最も適しているのは、紙でも葉っぱでもなく、乾燥したノウタケなのだとか。なるほど、なるほど。

そうかと思うと、きのこは、人を苦しめるだけならまだしも、殺すほどの猛毒を持っていたりします。そんな「裏の顔」も何だかミステリアスで、ますます興味を持ってしまいます。

食べるにしろ、グッズを制作するにしろ、実物のきのこをじっくり観察するのは、基本中の基本、きほんのき。本や図鑑やインターネットでいろいろ調べることも、もちろん大切ですし面白いですが、近所の公園、郊外の雑木林、自然たっぷりの原生林、どこでもいいので、ぜひ、時間をつくって本物のきのこを探しに出かけましょう。そして、見つけることができたら、視線をぐっと低くして、きのこの気持ちを想像してみてください。きっと目の前に、今まで知らなかった新しい世界が広がっているはずです。

きのことの出会いに、乾杯！

第1章

きのこのきほん

Chapter 1

オンネトーのほとりの針広混交林の地面で
個性あふれる8種類ものきのこが勢ぞろい

What's *the KINOKO?*

きのことは？

きのこは菌類

地球上の生物を、正確かつ効率的に分類するのは、有史以来、科学者だけではなく人類にとっての悲願だと言ってもいいと思うのですが、これぞ究極！という分類体系は、現在においてもまだ確立されていません。その昔、ぼくが高校生くらいの頃に生物の授業で習ったのは、アメリカの生物学者ロバート・ホイタッカーが提唱した、植物、動物、菌類など、大きく五つに分ける分類（五界説）でしたが、科学が進歩するにつれてどんどん複雑化しているようです。

最近では、生物が進化してきた過程や類縁関係を、ＤＮＡ情報を基にして解明する分子系統学の導入が一般的になり、それまでずっと主流だった見た目による分類は、時代遅れになりつつあるのだとか。しかし、最先端の科学はそうだとしても、我々のようなきのこ愛好者のレベルであれば、あまり分類など気にせず、まずは見た目重視できのこを楽しめばいいと思います。もっと詳しく知りたくなったら、その時に学べばいいことですから。

きのことは、何か？

なるべく簡単に、わかりやすく説明してみたいと思います。

きのこの二大スターとも言える、
タマゴタケとベニテングタケが並んで生えていた

傘をつぶして臭いを嗅いでみると、
少々薬品っぽい香りがするニオイアシナガタケ

ホイタッカーの「生物五界説」にも出てきますがきのこは菌類です。

では、菌類って何でしょう？

誤解を恐れずに言ってしまうなら、菌類とは、体の基本的な構造が菌糸で、胞子によって増える生物。動物とも植物ともまったく異なります。きのこなど菌類の多くは動き回らず同じ場所にとどまって生えているので、植物に近いと思われがちですが、植物のように光合成でエネルギーをつくれるわけではありません。DNA情報を使った解析によると、どちらかと言えば植物よりも動物に近い生物なのだとか。ちなみに、バクテリアなど、いわゆる細菌は「菌」という字を使っていますが、菌類ではありません。ビフィズス菌、納豆菌、大腸菌も違います。

菌類に属しているのは、主に、カビ・きのこ・酵母。カビやきのこは多細胞生物ですが、酵母は単細胞生物です。実は、カビときのこには、生物学的な違いがありません。菌類の中で、肉眼で見ることができる大きさの子実体（胞子をつくるための器官）を形成するのがきのこ、つまり、単なる大きさで分けられているだけなんです。前述しましたが、我々が通常「きのこ」と呼んでいるものは、正確に言うなら、きのこの一部分の子実体のことで、きのこの「本体」は、地中や木の内部で糸状に広がる菌糸なんです。

菌類は、世界で百五十万種くらい存在していると言われていますが（最近では、そんな数どころではなく、五百万種という推定値も！）、現在、名前が付けられているものはわずか十万種ほど。その中で約二万種がきのこです。日本では、少なくても五千種、もしかしたら一万種を

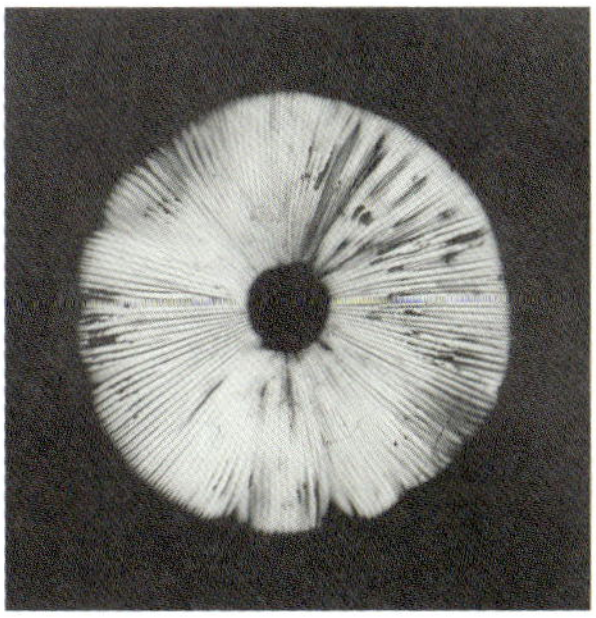

左＿ベニテングタケ（胞子が白色）の胞子紋
右＿倒木の上で伸びて広がっている菌糸

超えるきのこが生息していると推定されていますが、正式に名前がつけられているのは三千種くらいとか。多くの菌類がまだまだ未知の存在なんですね。

カビ、きのこ、酵母は、ほとんどが、担子（たんし）菌類、子嚢（しのう）菌類のどちらかに分類されています。担子菌類は、三万～四万種からなるグループで、担子器という特殊な細胞の外側に胞子をつくります。総数では子嚢菌類が上回っていますが、マツタケやシイタケなど、きのこの多くが担子菌類です。一方、子嚢菌類は、四万～六万種ほどで構成される菌類最大のグループ。子嚢と呼ばれる袋のような構造の中に胞子をつくるのが特徴で、傘や柄を持たないなど、あまりきのこっぽくない形のきのこが多く属しています。

子実体の外観を肉眼で見るだけでは、子嚢菌類か担子菌類か正確に分

お店でお馴染みのブナシメジなど、
傘と柄を持つ「ハラタケ型」のきのこの多くが担子菌類

類することはできないので、顕微鏡を使って胞子のつくられ方を観察することが不可欠です。

菌類は、熱帯から極地に至るまで、地球上のあらゆる環境に存在しています。アメリカはオレゴン州南部でのこと。二〇一〇年に新種として発表されたナヨタケの仲間のきのこが発見された場所は、ローグ川の中。なんと、水中です。

蛇足になりますが、ある菌類研究者に聞いた話によれば、きのこは個体差はもちろん、地域差もけっこう大きいようで、外国在住の菌類研究者が日本に来てきのこの調査をする場合、あるいは、日本の研究者が外国へ出かけた場合も同じことですが、分類するのにすごく手を焼くそうです。確かに北海道では見慣れているはずのきのこが、東北地方へ行くとまるで別の種類のように見えることもけっこうあります。

きのこらしからぬ形をしたきのこが、
子嚢菌には多く属している

生態系の中のきのこ

生態系というと、ちょっと難しいことのように思えますが、要は、その場所の自然環境と、そこで生きている生物をひとまとめにしたもの。ぼくのメインフィールドの阿寒湖周辺には、火山や湖や森が織りなす独自の自然環境があり、そこに適応して暮らしているたくさんの生物がいて、その両方で阿寒ならではの生態系がつくられているというわけです。その地域の生物が多様であればあるほど、自然が豊かだと言えるのではないでしょうか。

生態系の中の生物部分は、光合成で自らエネルギーをつくりだす植物（生産者）、他の生物から栄養を得ることで生きる動物（消費者）、生物の遺骸や排泄物を分解して生産者である植物が再利用できる形にする菌類（分解者）という大きな三本柱があり、たくさんの物質やエネルギーが循環しています。動物は他の動植物そして菌類を食べて命をつなぎ、生物が死ぬと菌類が無機物に分解して空と土に還し、空や土から得た養分と太陽の光で育つ植物は、また別の生物に食べられて……。そんな具合に、物質やエネルギーは、生物などに姿を変えながら、地球という大きな生態系の中をぐるぐる回っているんですね。

きのこをはじめとする菌類は、動物や植物に比べると、やや地味な生物だという印象を持つ人が多いのですが、生態系の中ではとても重要な役割を果たしています。

ちなみに、人類が誕生するはるか前、今から三億五千万年〜三億年くらい前の古生代後半頃の地層からは、植物の化石とも言える石炭が多く産出されており、その時代に大規模な森林があったことの証拠になっています。菌類はそれよりずっと前に出現していて、すでに多様化していたようですが、木材を効率的に分解する能力は、まだそれほど進化してなかったようです。しかしそれは、人類にとって幸運でした。もしも菌類が、植物遺骸をきれいさっぱりみんな分解してしまう能力を持っていたとしたら、もとを正せば植物遺骸の石炭も石油も存在しなかった可能性があるわけで……。現代のエネルギー事情の鍵は菌類にあったと言えるかもしれません。

ガの蛹に寄生するサナギタケは、
冬虫夏草の愛称でよく知られている

上__森の生と死を見つめるかのようなツチカブリ
下__シイタケは枯木や倒木をどんどん分解する

きのこの一生

地球上に生きているすべてのきのこは、当然ですが、胞子から生まれます。胞子を出発点に、きのこの人生、いや、菌生と言うべき一生を追いかけてみましょう。

植物のタネにあたるきのこの胞子は、一本の子実体で何万個も何億個もつくられ、成熟するにしたがってどんどん放出されていきます。大きさは数マイクロメートルから、せいぜい三十マイクロメートルほど。これだけ小さければ、風に乗ってどこまでも飛んで行けそうです。胞子は顕微鏡を使わなければはっきりと見ることができませんが、きのこの種類によって色や形が異なっているので、分類する上での重要な手がかりのひとつとされています。

風、虫、あるいは小動物などによって運ばれた胞子は、落ちた場所で、温度や湿度などの条件がぴったり合ったときだけ発芽します。逆に言えば、大多数の胞子は発芽することなくこの世から消えてしまうわけですね。しかし、きのこによっては、乾燥や気温の高低に負けることなく、たどり着いた場所にずっととどまり、数か月から数年も休眠したあと発芽することもあるとか。

地下で根っこを通じて木々と栄養をやりとりするタイプのマツタケ（人工栽培技術がまだ確立していない種類）の胞子より、枯れた木や倒木などから発生するシイタケ（人工栽培が可能な種類）の胞子の方が、一般的に発芽しやすい傾向にあるようです。

いろいろな条件が重なって、運良く発芽することができたら、菌糸は栄養を求めて伸びていきます。菌糸には性別があり（種類によっては百もの性を持つものがあるとか！）、

幼い時にくるまれていた外皮膜を突き破り、
ぐんぐん成長するミヤマタマゴタケの子実体

対応する性の菌糸同士が出会うと接合します。「きのこの本体は菌糸です！」と、大切なことなので何度も繰り返していますが、その接合した菌糸こそが、まさにきのこの本体というわけです。

　そして、十分に栄養を吸収してぐんぐん成長し、湿度や温度や光加減など、もろもろの発生条件が整ったときに初めて、我々が「きのこ」と呼んでいる子実体がつくられます。肉眼で見えるか見えないかくらいの小さなものも、びっくりするほど大きなものも、子実体はすべて菌糸でできています。

　子実体は、植物で言えば花や果実にあたり、胞子をつくって散布する器官。菌糸から栄養を供給されて急速に成長し、傘が開き始めると同時に胞子の散布を開始します。やがて役割を終えると、早いものでは数時間、通常は二、三日〜一週間くらい

4

5

6

で、消えてなくなってしまいます。写真のミヤマタマゴタケなど、テングタケ科のきのこの中には、外皮膜に包まれた姿がたまごにそっくりのものがあり、「殻」を割るように成長していく姿は本当に愛らしいです。一方、サルノコシカケの仲間など、子実体が年々大きく成長していく、いわゆる多年生の種類も多く存在します。

　そして、放出された胞子が最適な環境にたどり着き、発芽したら、そこからまた新しいきのこの命が始まるというわけです。

　菌糸は地中や木の中で生息していて、しかも半透明なので、肉眼で探すのはとても難しく、実験室ではなく実際のフィールドでの研究となると困難を極めます。きのこの大きさや寿命がどのくらいなのかまだまだわからないこともたくさんあるようです。

傘は柄が成長してから開きはじめるが
「たまご」を破って傘が開くまでの時間は5〜7時間

早春から晩秋まで長い期間見られるヒラタケは、
植物遺骸の倒木を分解して腐らせる木材腐生菌

森ときのこ

きのこは、その名前のとおり、木の子ども、という意味なので、一般的には木がきのこを育てているというイメージを持っている人が多いと思います。しかし、きのこを知れば知るほど「木の子」どころか「木の親」と呼ぶべきだと思わずにはいられません。きのこは、木を育てているだけではなく、森をつくっているんです！

きのこは、植物とは違って、生きていくのに必要なエネルギーを自分ではつくれないので、動物と同じく他の動植物から得ています。

栄養の摂り方で、腐生、寄生、共生、と主に三つのタイプに分けられますが、腐生菌でも、寄生、共生の役をこなすこともあります。

腐生菌

枯木や倒木や落葉など生物の遺骸、また排泄物から養分を吸収し、結果的に二酸化炭素など分子レベルにまで分解するきのこ。枯木や倒木など木材基質を分解する腐生菌は木材腐生菌と呼ばれています。樹木には、きのこなど菌類にしか分解できない成分が含まれており、自然の森には菌類の存在が不可欠です。

北海道の森林を例にすると、樹木が落とす落葉や落枝の量は、一年で一ヘクタールあたり乾燥重量約三トンに及ぶという計算があります。もしきのこなど菌類が生息していなければ、きっと森は倒木や落枝や落葉だらけになってしまうでしょう。

南米のアマゾンで見つかった菌類は、なんと、プラスチックを分解する能力を持っているとか。

寄生菌

生きている動植物、そして菌類に取りついて一方的に栄養を摂取するきのこ。昆虫に寄生する、いわゆる冬虫夏草がよく知られています。生木に寄生するきのこは、林業関係者にとってはせっかく育てた木を枯らしてしまう厄介者ですし、一般的にもややマイナスのイメージがありますが、木を枯らすことは、本数を調整（間引き）するということですし、大きな木が倒れれば、林床に日光が射し込みやすくなり、若木の成長を促進。結果的に、森を活性化させているというわけです。

共生菌

実は、地面から発生するきのこの多くが、森の木々と根を通じて地中でつながっています。きのこと木が一緒に形成した菌根（きんこん）という器官を通じて、木は光合成でつくった炭素化合物などをきのこに与え、きのこはリンやカリウムなどのミネラルを木に提供。木ときのこは、お互いに栄養のやりとりをして、共に生きているんです。菌根を通じて樹木と共生するきのこを、菌根菌（きんこんきん）と言います。

一本の木が複数のきのこと菌根をつくり、一本のきのこも複数の木と菌根をつくっているので、森の地中には、きのこと木が共同で張り巡らせた「菌根ネットワーク」が構築され、広がっているんです。

このネットワークを使って、同じ仲間の植物が、虫や細菌などの警戒情報をやりとりしているとか、さら

タンポタケの仲間はきのこ（ツチダンゴ類）に寄生するので、
菌生冬虫夏草と言われる

に、葉緑素を持たないランの一種は、他の植物が光合成によってつくりだした炭素化合物をもらっているとか、興味深い研究結果が次々に発表されています。

ぼくたちの知らないところで、素晴らしい自然のシステムが構築されていたんですね……。

ちなみに、菌根菌は、基本的に木と一緒に成長しているので、人工栽培がとても困難です。マツタケやトリュフなど、菌根菌の人工栽培技術が完成し、安くてたくさん市場に出回る日が、いつの日かやってくることを期待しましょう。

木々と共生したり、枯木を分解したり、生木を間引いたりすることで、常に森を活性化させているきのこは、森のコーディネイターと言うにふさわしい存在です。

夏〜秋に発生するキンチャヤマイグチは、
ダケカンバなどカンバ類の木々と共生する菌根菌

森の仲間たち

粘菌（変形菌）

粘菌は、一般的にはあまり馴染みがないので、もしかしたら今回初めて知ったという方がいるかもしれません。とりたてて珍しい生物というわけではなく、きのこを探すために倒木や落葉を注意深く見ていると、けっこう頻繁に姿を目にします。

アメーバのように動きまわり、コケやきのこのように胞子で繁殖する粘菌は、動物でも植物でも菌類でもない不思議な生物で、世界中に広く分布しています。

生物の分類群としては「変形菌」という名前を使う方が正しいかもしれませんが、この本では、粘菌学者として採集や研究に力を注いだ、博物学者にして民俗学者の南方熊楠（みなかたくまぐす）に敬意を表して「粘菌」という表記を使いたいと思います。

粘菌は、変形菌とも言うくらいですから、外観が著しく変化します。

胞子から発芽してすぐの粘菌アメーバと言われる状態の時は、大きさが約十マイクロメートルと、とても小さいので、ほとんど目にすることはできません。動きまわりながらバクテリアなどを食べ、分裂を繰り返してどんどん増殖し、性が違う粘菌アメーバと出会うと融合してさらに成長を続け、変形体と呼ばれる大きなアメーバへと成長します。

変形体の多くは網目状で、種類によってほぼ色が決まっています。自由に形を変えながらまるで動物のように動きまわり、バクテリアやカビ、時にはきのこなどを食べます。大きさは、時に数十センチメートルにもなり、移動する早さは時速数センチメートルくらいです。そして、湿度や気温などの条件が整うと、餌を探すための移動をやめ、種類にもよりますが、一つ、あるいはいくつもの塊になって、たくさんの胞子を詰め込んだ袋のような状態の子実体を形成。世界へ向けて胞子を放ちます。

通常、我々が目にする粘菌は、大きくて目立つ変形体か、もしくは、胞子を飛ばす段階の子実体を形成した時にほぼ限られてしまいますが、色や形が様々で、きのこに負けず劣らず興味深い生物です。

上＿落葉上に発生したカタホコリの仲間の子実体
下＿木を登っていくススホコリの仲間の変形体

マメホコリ(ピンク)、クダホコリ(赤)、
タマツノホコリ(白)

上__樹木の表面に現れたヘビヌカホコリ
下__サンゴを思わせるようなタマツノホコリ

地衣類

「コケ」という名前がついていることが多いので間違いやすいのですが、地衣類は、コケ植物ではなく、菌類と緑藻類（またはシアノバクテリア）との共生体。分類学的にはきのこと同じ菌類です。極地から、熱帯雨林、高山、砂漠、そして都市に至るまで、地球上のあらゆるところに生息しています。

地衣類の断面を顕微鏡で観察してみると、藻類の層が緑色をしている他は多数の菌糸からなり、一般的なきのこと同じような構造をしていることがわかります。

菌類が大家さんで借り主である藻類に家を提供し、藻類は光合成をしてつくった栄養を家賃として支払っている、と考えると理解しやすいかもしれません。知られている地衣類のほとんどが子嚢菌です。

北海道大雪山の厳しい環境でも、気候に対応したハナゴケ科などの地衣類が多数生息する

右上＿カラクサゴケの仲間
右下＿コケ類と一緒に生えるヨコワサルオガセとカブトゴケの仲間
左上＿アカミゴケの仲間　左下＿ナガサルオガセ

北海道阿寒湖周辺

北海道の東側、阿寒国立公園に位置する阿寒湖周辺の森が、ぼくのメインフィールドです。阿寒湖は温泉と特別天然記念物のマリモで知られる北海道を代表する観光地で、年間七十万人もの観光客が訪れますが、その周囲に広大な森が広がっていることを実感している人は、残念ながら、とても少数だと思います。もったいない！

阿寒湖の西にそびえる雌阿寒岳は、日本百名山にも選ばれている名峰。今も数か所から噴煙を立ち上らせている、ばりばりの活火山です(登山は可能)。高山帯、ハイマツ帯、森林帯と、さまざまな形態の自然環境を有し、厳しいながらも豊かで美しい自然の姿を見せてくれます。

その雌阿寒岳から阿寒湖と雄阿寒岳を挟んで、摩周方面へと続いている阿寒国立公園は、今や貴重になった手付かずの原生林も多く残り、火山と湖と森が織りなす素晴らしい自然環境を誇ります。自然があるところ、きのこあり。そう、手付かずの自然が残っているということは、その生態系も維持されているわけで、きのこなど菌類にとって、素晴らしい生活環境であると言えます。

阿寒の森は、北海道の他の地域と同じく、エゾマツやトドマツなど針葉樹林が占める割合が大きいのですが、ダケカンバやミズナラが生い茂る広葉樹林、そして、針葉樹と広葉樹が入り混じった針広混交林も多く見られます。また、阿寒湖から車で二十分ほど走ればカラマツの人工林もあり、天然林も人工林も含めた多種多様の森林環境が見られるので、きのこを観察するにはもってこいです。

多量の降雪があり、マイナス三十度にもなる冬は、さすがにサルノコシカケの仲間くらいしか見ることができませんが、春になって、雪解けが始まると、百花繚乱ならぬ、百菌繚乱。春から秋にかけての森は、きのこ天国と言っても過言ではありません。

北海道大学の調査によれば、阿寒の森だけで、五百種類を超えるきのこが確認されています。

第2章 きのこのきしつ

Chapter 2

ピンク色の傘に網目状のシワを持つホシアンズタケは、
やや北方系のきのこで主にニレの腐朽木から発生する

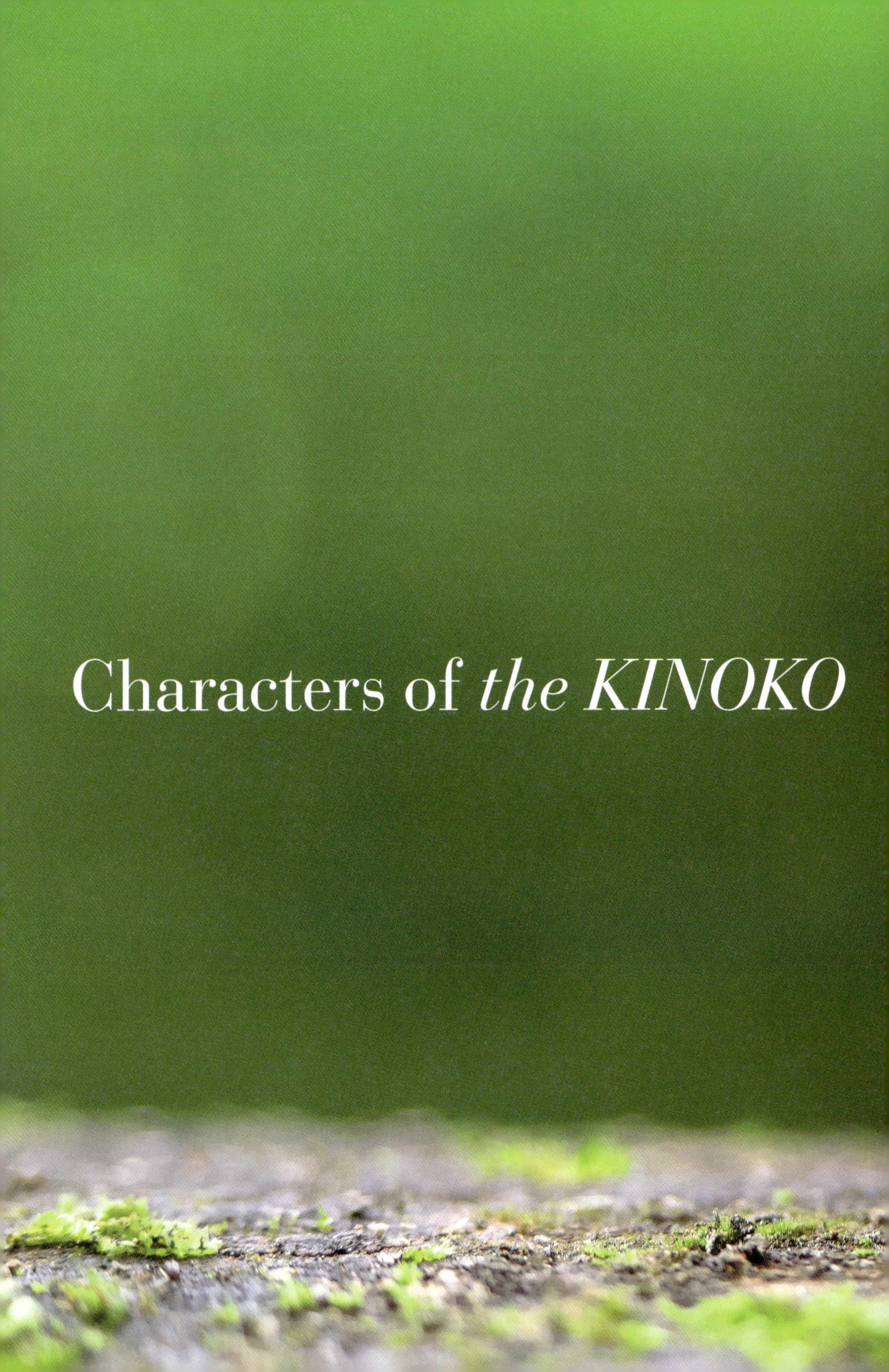

Characters of *the KINOKO*

いろいろなきのこ

きのこの二大グループ、担子菌類と子嚢菌類は、五億年以上前に共通の祖先から分岐して今に至ると言われており、どちらかがより進化しているというわけではありません。前述したとおり、この二つのグループを正確に分類するには、肉眼ではほぼ不可能で、顕微鏡を使った観察が不可欠です。

きのこの子実体の役割は、胞子をつくり、それを確実に拡散させること。その形は、いかにもきのこらしい傘や柄を持っているものや、半円状、棍棒状、まん丸など、多種多様です。子実体の形の違いは、胞子の散布方法の違いだと言うことができます。

傘を持っている子実体は、傘の裏側から胞子を放出し、風に乗せて飛散させますが、へら型やお皿型など、傘を持っていない不定形な子実体は、表面からそのまま胞子を飛ばします。また、ホコリタケの仲間は、まん丸い子実体の内側に胞子をつくり、雨や動物の刺激を直接受けることで胞子を噴出させますし、スッポンタケの仲間は、悪臭がする粘液に胞子を包み、匂いで呼び寄せた昆虫の体にくっつけて拡散させる戦略をとっています。

高級食材としてよく知られているトリュフの仲間は、地中にあって強い香りを発し、虫や哺乳類（特にげっ歯類）をおびき寄せ、かじられたりすることで胞子を拡散しています。トリュフの味と香りに魅せられた人間は、自分で探したいものの嗅覚が足りないので、豚や犬に助けてもらっているというわけですね。

ちなみに、この地中に生息するトリュフの仲間は、もともと地上に生えていたきのこが、どんどん地下へと潜るように進化した結果誕生したと考えられています。

コンピューターの発達などによって遺伝子の解析がどんどん進み、外観が異なっていても遺伝的には近縁関係にある、というきのこがたくさん報告されるようになりました。形態的な特徴にのみ基づいた今までのグループ分けは、自然分類ではなく人為的な分類であることが明らかになり、今やきのこの分類は新しい時代を迎えています。

きのこのパーツ

傘はきのこの命を次世代へつなぐ大切な胞子を、雨から守るのにぴったりな形。まさに「傘」の役割をしています。傘の裏側は、見慣れているシイタケのようにヒダ状だったり、イグチの仲間のように多数の小さな穴が空いていたりと、形も色もさまざまです。下部がほぼ平らで、上部が盛り上がっている傘の形は、飛行機の羽を真横から見ているようにもみえますが、航空力学的見地からすると、胞子を形成する平らなヒダ側から、上昇気流が発生しやすくなるというメリットがあるのだとか。つまり、胞子を風に乗せて拡散するのに、理想的な形状をしているというわけですね。

柄は、もちろん、高さを確保するという役割を担っています。胞子を地面付近から撒くよりは、少しでも高い位置から飛散させたほうが、風に乗りやすいに決まってます。高くなればなるほど有利になりそうな気もしますが、子実体は菌糸でできているので、上にばかり成長するわけにはいかない、何らかの理由があるのでしょう。

傘と柄を持つ、典型的なきのこの形をした、担子菌類のハラタケ型と呼ばれるベニテングタケを例に、子実体のさまざまなパーツを見てみましょう（左ページ図）。

テングタケの仲間の子実体は、まるでたまごのような形で地上に姿を現しますが、この幼い子実体を保護している白い膜を、外皮膜と呼んでいます。やがて機が熟し、たまごの殻を破るように子実体がぐんぐん伸びはじめたら、外皮膜はお役御免。でも、子実体にはしっかりとした痕跡が残ります。散り散りに引き裂かれて傘に付着したものがイボ、柄の根本に残った部分がツボです。

たまご状態の時に、ぱかっと切って内部を観察してみるとわかるのですが、きのこの最重要パーツとも言える胞子をつくる部分、傘の裏側のヒダは、薄い膜でさらに全面的に覆われて保護されています。この膜を内皮膜と言います。子実体が成長して傘が開くにしたがって破れてしまいますが、その名残で柄に付着したものがツバです。

傘が開きはじめたら、胞子を放出する準備完了。たくさんの胞子が放出されます。例えば、お店で買ったシイタケでも、暗い場所で懐中電灯などを使って強い逆光に透かすようにして見ると、胞子の落下が確認できます。胞子はただ落ちるだけではなく、数マイクロメートルの距離とはいえ、担子器から射出されているのだとか。

きのこ（子実体）のパーツの名称

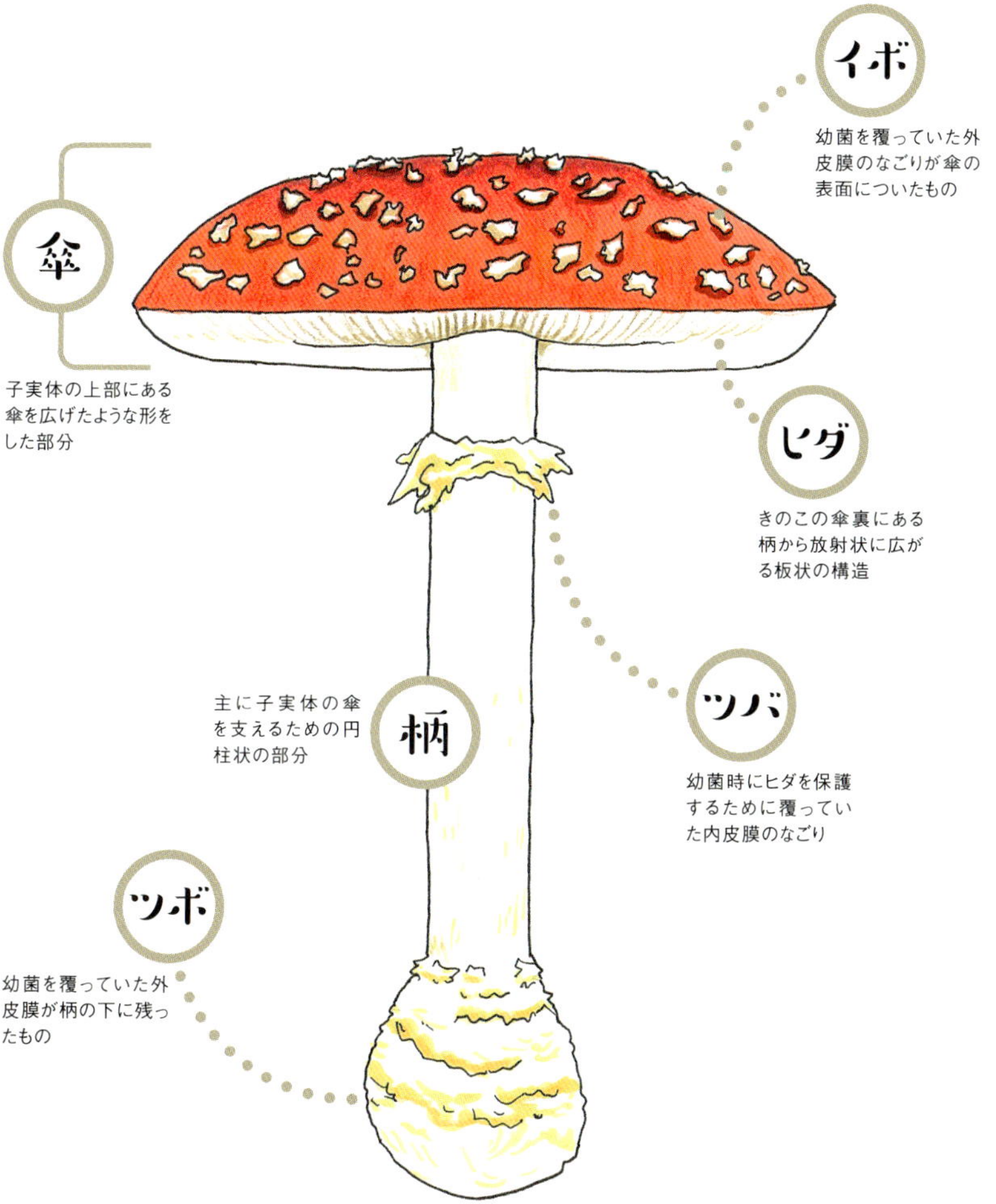

※すべてのきのこがこれらのパーツを持つわけではなく、例えば外被膜・内被膜ともに持たないきのこもたくさんあります。

赤も鮮やかなアカジコウ

シックな色合いのカバイロツルタケ

粒状鱗片が付着したワタカラカサタケ

傘いろいろ

傘の亀裂がイボと化したカラカサタケ

暗闇で蛍光色に光るヤコウタケ

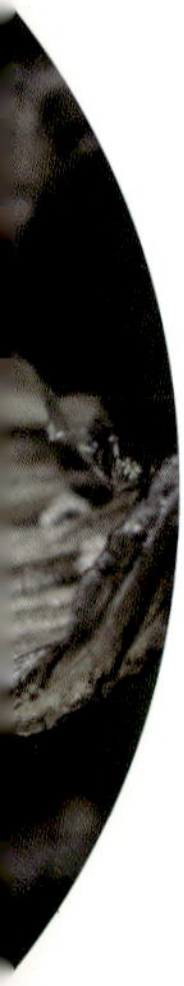

ガラス細工のようなコウバイタケ

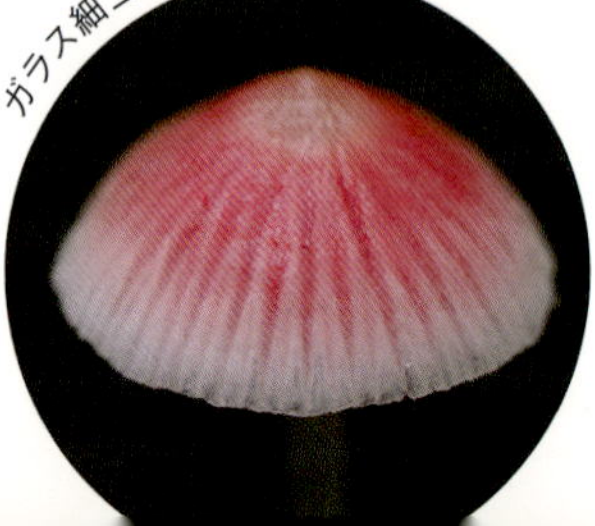

お菓子のようなテングタケの仲間

暖色系で明るく派手なタマゴタケ

赤地に白の水玉が映えるベニテングタケ

条線くっきりのツルタケ

繊維のようなザラエノヒトヨタケ

粘液ぬるぬるフウセンタケの仲間

「ワイン」が滴るホシアンズタケ

すっきり伸びたアシナガタケ

ねじれて伸びるミイノモミウラモドキ

柄 いろいろ

白地に黒の点々ヤマイグチ

根本がぷっくりヌメリスギタケモドキ

絹の手触りドクツルタケ

網網模様のイグチ類の幼菌

ツバツボいろいろ

ツバも鮮やかタマゴタケ

黄色い雪だるまコガネテングタケ

蜘蛛の巣ツバのウスフジフウセンタケ

朱赤色した帯状ツバのツバフウセンタケ

ツバもぬるぬるヌメリツバタケ

「たまご」から生まれるタマゴタケ

かたちいろいろ

きのこは、長い間ずっと、ほぼ見た目の形状で分類されてきましたが、一九九〇年代の後半から、遺伝子情報の解析に基づいたデータを重視するようになり、以降、新しい分類体系が提唱されるようになりました。しかし、プロの研究者でもない我々のような素人の愛好者は、正式な分類にはそれほどこだわらず、まずはきのこの外観を観察することに主眼を置き、見た目であれこれ区別できるようになればよいかと。

現在市販されている多くのきのこ図鑑も、使い勝手を考慮して、従来通りの見た目重視の分類で編集されていますので、見た目重視でも問題ありません。

興味がある人は、ぜひ、新しい分類体系についても調べてみてください。

傘と柄を持つきのこっぽいきのこたち

ハラタケ類（担子菌類）

シイタケやマツタケなど、しっかりとした肉質があり、傘と柄を持つ典型的なきのこの形をしたきのこたち。きのこと言えば、まずこのグループです。傘の裏側には、シワのようなヒダや、スポンジのように小さな穴がたくさん空いた管孔があり、そこで胞子がつくられ、放出されます。

ぷるぷるゼリーみたいなきのこたち

キクラゲ類（担子菌類）

ゼラチン質、寒天質、あるいはロウ質の、不定形なきのこたち。湿度たっぷりの時には、ぷるぷる、にゅるにゅるしています。一方、乾燥すると膜のように薄くなったり、ニカワように固くなるものも少なくないので、膠質（こうしつ）菌類とも呼ばれています。

傘を持たない変な形のきのこたち

ヒダナシタケ類（担子菌類）

担子菌類の中で、傘を持たないような、あまりきのこっぽくない形をしているきのこたち。ラッパ形をしていたり、ホウキ形だったり、半円形だったりと、形状的にも分類的にもすごく雑多で、いろいろなタイプが見られます。硬質なもの、管孔を持つものが比較的多いようです。

子嚢という袋を持つ色々な形のきのこたち

子嚢菌類

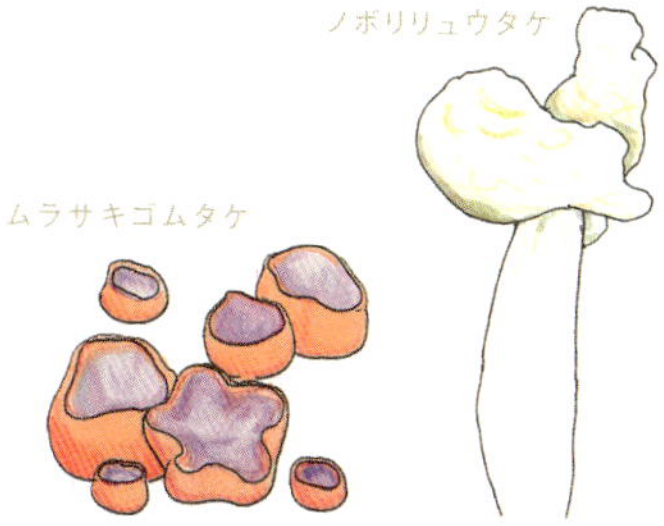

基本的には形の違いは関係なしに、子嚢という袋の中に胞子をつくるきのこのグループ。お椀形をしているもの、お椀形や鞍形をしつつ柄を持つもの、こん棒状のものなど、きのことは思えないような多種多様な形が見られます。昆虫に寄生する冬虫夏草も子嚢菌です。

まんまるたまご形が基本のきのこたち

腹菌類（担子菌類）

胞子が十分に成熟するまでは、殻皮に包まれているタイプのきのこたち。その多くは、幼菌時にまん丸な形状をしています。ちなみに、新しい分類体系では、腹菌類というグループはなくなってしまいました。

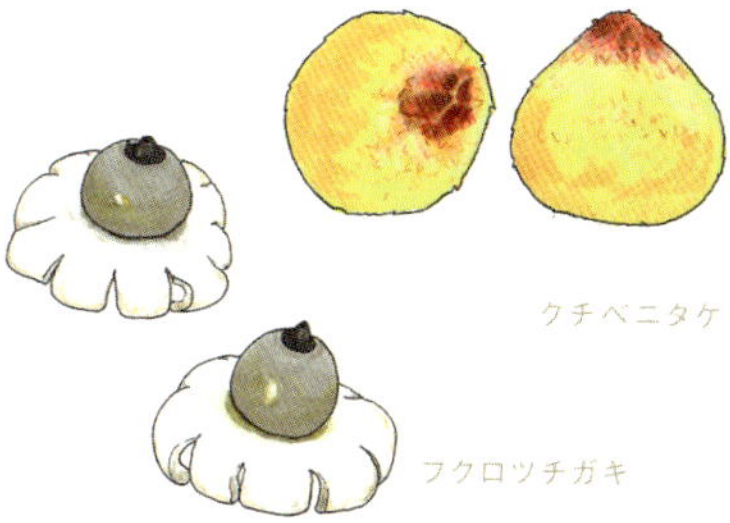

ハラタケ類

（担子菌類）

ヒトヨタケの仲間であるにもかかわらず、
一夜では溶けないコツブヒメヒガサヒトヨタケ

上__ヒロヒダタケは夏から秋にかけて腐朽が進んだ樹木とその周囲から発生する大型のきのこ
下左__秋になると地面の葉っぱの間から姿を現すカヤタケ
下右__毒きのこのコテングタケはテングタケ科の典型的外見をしている

ハラタケ類（担子菌類）

主にミズナラの林地から発生するオニイグチモドキは、
傘にまるで鬼の角のような大きな鱗片を持つ

上左＿色鮮やかなバライロウラベニイロガワリは猛毒きのこ
上右＿赤や黄色が鮮やかなオオダイアシベニイグチ
下＿傘が薄いワイン色で柄の下部が鮮黄色のアケボノアワタケ

ヒダナシタケ類
（担子菌類）

ホウキタケ属のきのこはその名のとおり
ホウキのような形をしている

上＿針葉樹の根本や切り株から発生するハナビラタケ
下左＿棍棒のような形のコスリコギタケ　下右＿トドマツの樹下に生える色鮮やかなウスタケ

ヒダナシタケ類
（担子菌類）

硬い外側とは裏腹に割ると中は柔らかく、
昔は火口として使われていたツリガネタケ

上__コフキサルノコシカケなどサルノコシカケの仲間は多年生で年々成長するものが多い
下__瓦のように重なり合っているカワラタケはよく見ると赤や青など鮮やかな環紋がある

キクラゲ類
（担子菌類）

ゼリーを思わせる形状で夏から秋にかけて
広葉樹の枯木から発生するシロキクラゲ

上__へら、あるいは、ロートのような形をしたニカワジョウゴタケ
下左__広葉樹の枯木から発生するハナビラニカワタケ
下右__ニカワハリタケは腐朽が進んだ針葉樹を好む

腹菌類
（担子菌類）

フクロツチガキは成熟すると外皮が裂けて星形になり
何らかの刺激を受けると頂部から胞子を排出する

上左＿ホコリタケの仲間は腐朽木からも地面からも発生する
上右＿色鮮やかだが悪臭を放つキイロスッポンタケ
下＿星形の赤い「口紅」が特徴のクチベニタケは夏から秋にかけて主に山地で見られる

子嚢菌類

面白い名前を持つテングノメシガイは、
秋にトドマツの森の地上に発生する

上＿冬虫夏草のサナギタケはガの蛹から発生するが時に幼虫からも発生する
下左＿シロスズメノワンという可愛い名前のきのこ　下右＿頭部と柄からなるノボリリュウタケ

きのこの名前

秋もそろそろ終わろうとする頃。友人が「ナメコがたくさん採れた」というので、阿寒の森でもナメコが発生するのか、と少しびっくり。採ったきのこを見せてもらうと、ナメコではなく、エノキタケでした。傘がぬるぬるしているので、近隣の人たちは「ナメコ」と呼んでいるそうです。

地方によってきのこの呼び名はさまざま。きのこそのものは、東日本だと「きのこ」の呼び名が圧倒的に多いのですが、西日本へ行くと「ナバ」や「タケ」と呼ばれることが多く、「コケ」「クサビラ」と言う地域もあるそうです。新潟県の佐渡島では「ミミ」。知らなかった！

東北地方で採れる天然きのこの中でも、味がいい「もだし」の人気は別格。ナラタケ（数種混合）のことなのですが、地方によってはクリタケを意味する場合もあるので注意が必要です。ナラタケは「ボリ」「サモダシ」「カックイ」などとも呼ばれていますが、ぼくが通っている阿寒湖周辺では「ボリボリ」という名前が定着しています。

マツタケ、キクラゲ、ヒラタケなどは、昔からある呼び名だそうですが、マンネンタケは、いちばん古くつけられたという説があります。食用、薬用のきのこは実用的なので、古くから知られていたのでしょう。

そうそう、英語でマッシュルームと言うと、きのこ全般のことを意味しますが、お店でよく見かける単一品種のマッシュルームは、和名をツクリタケと言います。

日本では、三千種類くらいのきのこに名前がついているそうですが、きのこの学名は「国際藻類・菌類・植物命名規約」に基づき、ラテン語起源の属名と種小名の組み合わせで種名をつくり、さらに著者名（学名を正式に発表した人）を加えて、ひとつの名前とみなします。正式な学名は、個体の識別をするというよりは、学名の提案者の見解を表明すること。素人が新種を発見したとしても、名付け親になるのはそう簡単なことではなさそうですね……。

和名をつける場合は、特別なルールなどは決まってないそうです。

上＿漢方薬の霊芝（れいし）として知られるマンネンタケは、乾燥させると長期保存が可能
下＿地方ごとに多数の呼び名があるナラタケの仲間は、秋の味覚として親しまれている

色について

この世に存在する色はすべて網羅していると思えるほど、きのこは本当にいろいろな色を持っています。赤、オレンジ、ピンク、黄色など、鮮やかで派手な色、茶色から黒系統に至る地味だけど何となくおいしそうな色、あるいは、すけすけの半透明だったり、挙句の果てには、夜見ると蛍光色に発光しているものまで多種多様です。

日本では昔から、紅梅色、萌黄色、黄金色など、自然の色を表現する美しい言葉がありますが、コウバイタケ、モエギタケ、コガネテングタケのように、色の名前がつけられたきのこも少なくありません。

ひと口にきのこの色と言っても単純ではありません。傘やヒダや柄など、子実体のパーツごとに色が異なる種類はたくさんありますし、傷をつけるとみるみる変色するものまであります。ぱっと見たときは単色に見えても、じっくり観察してみると、濃淡や混ざり具合など、すごく複雑な色合いだということに気づくはずです。森でよく見かけるドクベニタケは、色の成分が水溶性なのか、雨の後に見ると傘の色が退色していることもあります。

傘や、柄など、子実体の表面的な部分だけではなく、胞子にもそれぞれ固有の色があるので（形もさまざまです）、きのこを分類するのに欠かせない、重要な特徴のひとつとされています。子実体が成長していくと、傘の裏側にあるヒダや管孔の色が変わることがありますが、これは成熟することで胞子の色が変化するからです。

同じきのこでもけっこう個体差は大きく、例えば、阿寒の森で見られるベニテングタケの傘の色は、よく知られている赤いものだけではなく、オレンジ系統や黄色系統があり、知らない人が見たら別のきのこだと勘違いしそうなくらい、色のバリエーションが豊富です。タマゴタケも、傘が赤っぽいもの、オレンジ色っぽいもの、柄にダンダラ模様があるもの、無いものなど、個体差がけっこうあります。

ちなみに「赤い派手な色のきのこは毒きのこだ」という迷信を、信じている人はいませんか？

確かに、ベニテングタケやドクベニタケは、いかにも毒々しい感じがする鮮やかな赤で、その印象どおりに毒きのこです。しかし、タマゴタケやアカジコウなど、派手な赤い色をしているけど食べられる、というきのこもけっこうあります。

そう、きのこの色と毒の有無はまったく関係ありません。

ではいったい、きのこは、何のために、さまざまな色を持っているのでしょうか？

植物の花の色は、受粉をするために、ある特定の昆虫を引き寄せるのに役立っています。きのこの場合も、花と同じく、色で昆虫や哺乳類など他の生物を引き寄せて胞子を運んでもらうためではないか、などと諸説いろいろあるようですが、まだほとんど解明されていないのが現状のようです。

森ですごくきれいな色のきのこを見つけて、この感動を誰かに伝えたい！と思っても、言葉にするのはけっこう難しいもの。例えば赤いきのこと言っても、思い浮かべる赤のイメージは、人によってかなり違うでしょうから。

写真を撮影してみるとわかりますが、最近のスマートフォンやデジタルカメラの画像は、実際の色味よりも、鮮やかに美しく見えるように調整されている傾向がありますし、確認する液晶やモニターの違いもあるので、正確な色味を再現するのは、案外難しかったりします……。

この世界に生えているきのこの数だけ、きのこの色があると言っても過言ではありません。

1__ベニテングタケ、2__アカジコウ、3__タマゴタケ、4__マンネンタケ、5__ドクベニタケ、
6__ホシアンズタケ、7__トキイロヒラタケ、8__バライロウラベニイロガワリ

9__マスタケ、10__ベニヒガサ、11__サナギタケ、12__ニカワジョウゴタケ、
13__ハナホウキタケ、14__ウスタケ、15__ベニカノアシタケ

1__オウバイタケ、2__アカエノズキンタケ、3__エノキタケ、4__ビョウタケ、
5__ヒナアンズタケ、6__タモギタケ、7__ウコンハツ、8__キタマゴタケ

9__キイロイグチ、10__ズキンタケ、11__ベニテングタケ、12__キイロスッポンタケ、
13__キナメアシタケ、14__クサイロハツ、15__クサイロハツ、16__モエギタケ

1＿ヒメコンイロイッポンシメジ、2＿ロクショウグサレキン、3＿ウズハツ、4＿ムラサキフウセンタケ、
5＿ベニタケの仲間、6＿コムラサキイッポンシメジ、7＿カラスタケ、8＿ニオイハリタケ

9__イグチの仲間、10__ウスフジフウセンタケ、11__ムラサキヤマドリタケ、12__チシオタケ、
13__ムラサキナギナタタケ、14__ムラサキシメジ、15__ベニタケの仲間、16__ムラサキゴムタケ

1＿クリタケの仲間、2＿ヒロヒダタケ、3＿フチドリツエタケ、4＿ヌメリスギタケモドキ、
5＿コウジタケ、6＿ウラグロニガイグチ、7＿ニガクリタケ、8＿スギタケの仲間

9__イグチの仲間、10__マルミノノボリリュウタケ、11__名称不詳、12__ヒラタケ、
13__ニセクロチャワンタケ、14__カワラタケ、15__カバノアナタケ

1__オシロイシメジ、2__コオトメノカサ、3__シロホウライタケ、4__ホコリタケ、
5__ツガサルノコシカケ、6__ドクツルタケ、7__シロキクラゲ

8__ホウキタケの仲間、9__名称不詳、10__エゾハリタケ、11__ニカワハリタケ、
12__ホテイタケ、13__シャカシメジ、14__ブナハリタケ、15__ヤコウタケ、16__イヌセンボンタケ

きのこ撮影フィールド　その二

東北地方北部

もともと山登りが好きだったのですが、登っていたのは有名な南北のアルプスなどではなく、もっぱら東北地方の山々。特に、飯豊山地、朝日山地、鳥海山、八甲田山が大のお気に入りで、学生時代から何度も通っています。

これらの山の共通点は、山麓に広大なブナの森が広がっていること。今では、ピークを目指すことは少なくなりましたが、それでも毎年、春と初夏、そして秋に、ブナの森のきのこたちに会いに行っています。いつも北海道の鬱蒼とした針葉樹林を目にしているので（道東地方は寒すぎてブナが生息できないんです）、これら東北のブナの森の雰囲気は、対照的で、明るい感じがして、とても新鮮です。

そして、ブナの森と言えば、忘れちゃいけない白神山地。ユネスコ世界遺産にも登録されている、世界最大級と言われるブナの原生林です。立ち入り可能な場所はある程度限られてしまいますが、核心部以外でもブナの森の魅力を十分に感じることができます。

日本海側の十二湖からダートの白神ライン（青森県道28号岩崎西目屋弘前線）を抜け、弘前を経由して八甲田へ向かい、奥入瀬渓谷へ至るルート（あるいはその逆）は、ぼくの東北取材の定番中の定番。きのこはもちろん、春の草花、初夏の新緑、秋の紅葉と、季節ごとの被写体もすごく魅力的なので、車中泊を重ねてひたすら写真を撮りまくります。

ブナの森は、緑のダムと言われるほど水がとても豊富。歩いていると、至るところで小さな沢のような流れを目にします。雨が降っていたり、霧が発生しているときは、普通の場合だったら、憂鬱でついつい出不精になってしまうのですが、ブナの森へ行くときだったら話は別。逆に、大歓迎です。「水」がこれほど似合う森は他にありません。

手軽においしい水をくむことができるので、携帯用のコーヒーセットと大きめの空のボトルは必需品。持ち帰った「ブナの森の天然水」で割るウイスキーときたら、もう最高においしいです。

第3章 きのこのきもち

Chapter

Feelings of *the KINOKO*

オンネトー越しに雌阿寒岳と阿寒富士を望む
絶景ポイントに発生したヤマイグチ

観察に出かけよう！

準備編

　きのこに興味を持ち始めると、不思議なことに、どんどんきのこが目に入るようになるのですが、きのこ愛好者はそんな状態を「きのこ目」と呼んでいます。街灯などの人工物も、ついきのこに見えたりするのが玉に瑕ですが、「きのこ目」を持つことはきのこ探しの基本。ぜひマスターしてください！

　きのこ観察の服装は、長袖シャツ、長ズボン、帽子、手袋、運動靴（登山靴、長靴）の、軽登山スタイルが適していると思います。

　野外ではさまざまな危険が予期されるので、なるべく肌を露出させないのが基本。スズメバチや吸血昆虫の多くが黒を好むので、衣服も持ち物も黒系統の色は避けましょう。経験上、上下ともレインウエアを着るのがベストですが、真夏は汗びっしょり。ほとんど地獄です！

　携行品も、飲物、食料、雨具、防寒具、カメラなど、軽登山と同じでよいかと。さらに、虫除けスプレーや携帯用の蚊取り線香を用意すればほぼ完璧です。加えて、傘の裏側を見るための鏡や、衣服の汚れを気にせずに腹ばいになれる銀マットがあると、きのこ観察が充実すること間違いなし。採取が目的であれば、ナイフ、新聞紙、ビニール袋なども必要でしょう。カメラの予備電池もお忘れなく。

　そして、常識的なことですけど、空き地はもちろん、雑木林、山奥の森なども、国や都道府県、あるいは企業や個人など、必ず土地の所有者がいます。一般的な公園以外は、基本的に立ち入りの許可が必要だということをどうぞお忘れなく。また、入ることが許されても、採取となれば別の話。該当公共機関に問い合わせたり、インターネットなどを駆使して、事前にしっかりと情報を確認してください。

ぬかるみも小さな流れも気にせずに歩けるので
フィールドを歩く時は長靴もお勧め

上＿軽登山装備に加えて吸血昆虫やクマにも備える
下＿ルーペを持っていくと観察がいっそう楽しくなる

CalorieMate
meiji
スーパー
スズメバチジェット
mont-bell

街中編

ベランダの植木鉢にある日突然小さなきのこが生えた、という話をたまに耳にしますが、別に珍しいことではありません。かねてから植木鉢の土の中にきのこ（菌糸）が生息していて、発生条件が整ったので子実体が現れたということです。都会で暮らしていても、きのこと出会える可能性はけっこうあるものです。

街中できのこを探すなら、まず樹木に注目。近所の公園や神社仏閣など、木がたくさん生えている場所へ行ってみましょう。通勤、通学途中で見かける街路樹も要チェックです。また、民家の庭先の植木なども、迷惑にならないように注意しながら観察してみましょう。コケや地衣類が見られるだけではなく、きのこと出会えるかもしれません。古木、枯木は、特に時間をかけてゆっくり見

桜の花を楽しむついでに木をしっかり観察すると
幹にはきのこや地衣類がびっしり

てみましょう。
　東京や大阪など、大都市には、大きな公園や、植物園などの自然観察施設、由緒ある神社仏閣や、大邸宅を開放した庭園などがたくさんあるので、休みの日には、ぜひきのこを探しに出かけてみてください。散策や見学も兼ねて一石二鳥のお楽しみですね。
　また、秋になると、都市部であっても、きのこ観察会が多く開催されているので、きのこを探すなら、そういうイベントに参加するのが最も効率的かもしれません。さらには、きのこに興味を持っている人々が集い、さまざまな活動をしている、同好会、愛好会などもたくさんあるので、加入すればぐっときのこが身近になること請け合いです。きのこが好きな仲間・菌友ができれば、情報交換もできるので、きのこライフがますます充実します。

秋に都会の大きな公園へ出かけたら、
切り株にナラタケの仲間が生えていた

郊外編

良し悪しは別にして、人間が少ない場所、つまり「都会」よりも「田舎」へ行けば行くほど、自然が残っていると言うことができると思います。街から少し離れた郊外へ行けば、きのこと出会える確率はぐんとアップ。もし、地方都市にお住まいであれば、少し車を走らせれば自然豊かな場所が必ずあるでしょうし、きのこに会うためにちょっとした「旅」をするのも、すごく素敵な休日の過ごし方ではないかと思います。

人の暮らしのそばにありながら自然を十分に感じることができる、雑木林や里山へ行けば、さまざまな昆虫や小鳥や小動物はもちろん、きのことこともきっと出会えるはず。アスファルトで舗装されていない道を歩くのは気持ちがいいものです。

古くなったり枯れたりしている立

シラカバが生育する高原や北国に足を伸ばせば、
ベニテングタケに出会えるかも

木や倒木を見つけることは、きのこ探しの基本中の基本ですが、案外忘れがちなのが地面。もちろん、季節にもよりますが、都市部の公園や庭園に比べたら、落葉を分解するタイプのきのこや、菌根菌などを発見できる可能性が格段に高くなるはずです。地面を覆ってしまうササがあまり生えてない場所を選んで、落葉の間を、丹念に、辛抱強く、探してみてください。

そして、周りを見渡してみて、竹林があったら要チェック。きのこの女王と言われるキヌガサタケを始めとして、竹林で発生するきのこはけっこう多いんです。残念ながら、北東北や北海道ではなかなか竹林をみることができませんけど……。

誰もいないからといって、断りなしに、田んぼや畑に立ち入るのはもってのほか。くれぐれもご注意くださいね。

小さなダムのほとりにある古い桜の木に、
大きなサルノコシカケの仲間を発見

人の手があまり入っていない自然豊かな森は、
きのこなど菌類の宝庫に間違いなし

森や山麓編

日本は国土の約七割を森林が占める、世界有数の森林国。人が計画的につくった人工林と、天然林（多少人の手が入っていても自然に生成した森林）の割合は半々くらいです。天然林の中でも、人の手がまったく入ってない、いわゆる原生林と呼ばれている森は、環境の悪化や開発などの影響で、減少の一途をたどっており、現在では、屋久島や白神山地や北海道の一部など、わずかに残るばかり。貴重な自然を大切にしたいものです。

天然林、さらには原生林であれば、きっとあちこちできのこを見つけることができるでしょうが、まず何をおいても、倒木を見つけて観察することをお勧めします。街や郊外ではすぐに片付けられてしまうので、見る機会が少ないかもしれませんが、

自然の森は倒木の宝庫。大きな木であればあるほど、多種類のきのこが生える可能性が高いと思います。木の表面や内部はもちろん、木と地面が接するところも忘れずにチェックしましょう。ぼくは、阿寒の森に、お気に入りの倒木が何本もあって、ローテーションで訪れているのですが、季節ごとに、さまざまなきのこを堪能しています。もしかしたら、粘菌も見つかるかも。

自然が豊かな天然の森は、きのこを探す場所として魅力的ですが、クマやスズメバチなど危険な生物と出会う可能性も高くなるので、訪れる場合は多少ハードルが高くなってしまいます。事前の準備、情報収集は、念には念を入れてしっかりと。

国立公園の特別保護区など、一般人の立ち入りが制限されている場所もあるので、入林に関しては、ルールやマナーを遵守してください。

きのこを探すのであれば、
森を横切る各地の登山道もぜひ有効に活用したい

五感で楽しもう！

香り

　きのこの香り、と言ってまず思い浮かべるのは、秋の味覚、庶民の憧れ、マツタケではないかと……。聞いた話では、最近、外国（特に北欧あたり）で、マツタケの味に目覚めてしまった人が増え、消費量も増加の一途をたどっているとか。日本の秋の代名詞が世界の秋の代名詞になる日も近いかもしれません。

　ちょっと専門的になりますが、マツタケの香り成分は、ケイ皮酸メチルと、その名もマツタケオールという成分の組み合わせによるものですが、後者を命名したのは日本人の岩出亥之助（いわでいのすけ）博士です。

　食欲を誘うような芳しい香りや、フルーツを思わせる爽やかな香りを持つきのこがあれば、芳香剤のような香り、また、いわゆる薬品臭を漂わせるきのこもあります。

　顔を背けたくなるような最悪級の臭いがするきのこと言えば、真っ先に思い出すのがスッポンタケの仲間。成長した子実体は、生臭いというか、腐敗臭がするいうか、アンモニア系の強烈な悪臭を周囲に放ちます。匂いの正体は、胞子を含んだ暗緑色の粘液。この匂いで虫をおびき寄せて胞子を運ばせているわけで、香りが次世代に命をつなぐ大切な役割を担っているんですね。臭い！なんて言ったらきのこに怒られちゃいます。北海道ではあまり馴染みがありませんが、カニノツメというきのこは人糞臭がします！

　きのこの香りは食毒とはまったく関係ありません。いい香りがするからといって食菌とは限らないのでご注意を。

　芳香も悪臭もひっくるめて、ぜひいろいろな香りをチェックしてみてください。

強烈な悪臭を放つキイロスッポンタケ

上＿＿爽やかなフルーツの香りがするアンズタケ
下＿＿ニオイハリタケの香りはまるで芳香剤のよう

触感

　ぼくは、毎年そこそこの数のマツタケを採取していますが、マツタケは、香りや味もさることながら、地面から引っこ抜くときの感覚が最高なんです。大きく育って中身がぎっしり詰まったマツタケを右手でつかみ、左右に少しずつ揺らしながらも優しく力を入れて、スポンと引き抜く瞬間に、手が感じる幸せ……。もうたまりません！

　触って楽しいきのこの代表格は、やはりピンポン球のようなまん丸きのこ、ホコリタケですね。幼い時はスポンジやマシュマロのようなぷりぷりの手触り。成長するにしたがって袋の中の胞子が成熟して粉状になり、手でつまむと頭頂部に空いた小穴から、ぶは～っと深緑色の胞子を噴出します。やみつきになってしまう面白さですし、何より胞子の拡散

成熟したホコリタケは頂点に穴が空き、
何らかの刺激を受けると胞子を排出する

に協力することができます！

　イグチの仲間は、成熟すると傘の裏の管孔がスポンジのように柔らかくなり、触り心地抜群です。触れたり傷つけたりすると変色する種類もあり、お絵かきをして楽しむことができます。また、高さが五十センチにも達するカラカサタケは、別名ニギリタケとも言われ、開いた傘を手でぎゅっと握っても、またもとの状態に戻る弾力を誇ります。

　最後に重要注意事項を。最近、触っただけでも皮膚がただれてしまうという、恐ろしい毒きのこ（食べたら死にます！）が関西を中心に、大発生の兆しを見せています。その名は、カエンタケ。広葉樹の枯木の根本から生えている、火炎のように真っ赤で、手の指やイカの足のように枝分かれしている、きのこらしからぬ形のきのこを見つけた場合は、決して触らないように！

バライロウラベニイロガワリに自画像を描いた、
イラストレーターの福田利之さん

味

　最悪の場合には命を落とすこともある、とわかっているにも関わらず、きのこを食べて中毒を起こす人が、毎年少なからず報告されています。でも、きのこを食べたい！という人の気持ちは、すごくよくわかります。だって、きのこ狩りは楽しいし、きのこはおいしいですから。

　マツタケ、ホンシメジ、トリュフ、ポルチーニ茸ことヤマドリタケなどなど、一度食べたら忘れられないおいしいきのこは、食通ならずとも世界中の人を魅了しています。特に天然のきのこは、人工栽培種とは別格の野趣と滋味にあふれ、旬の味としても大人気。秋になると各地で天然きのこの販売が盛んになるのもうなずけます。ただし、天然きのこを採取して食べるのは、知識がある人の特権。初心者の生兵法は大怪我のも

日本の秋の味覚・マツタケは、近い将来、
世界の秋の味覚になるかも……

とどころか、命に関わります。どうぞくれぐれもご注意を。

　赤い傘に白い点々を持つ、毒きのこの代名詞とも言えるベニテングタケは、誤食すると胃腸系や中枢神経系の中毒症状が現われますが、毒はそれほど強くなく、死ぬことはまずありません。不思議なことに、その主要な毒成分のイボテン酸は、すごくおいしいらしく、うま味調味料の何倍ものうま味成分を持っているのだとか。とは言え、見つけても、決して食べないように！毒きのこが劇的にまずかったら、中毒も減ると思うのですが……。

　ドクベニタケやニガクリタケは、どちらも毒きのこですが、とにかくまずいことできのこ通には知られています。ぼくも試しにちょっと齧ったことがありますが、辛さや、苦味が、口の中で大暴れ！二度と食べたくないひどい味でした。

毒抜きしたベニテングタケを食べる地方もあるが、
一般的にはあまりお勧めできない

四季のきのこ

マツタケや、ホンシメジなど、天然のおいしいきのこの多くが秋に採れますし、俳句でもきのこは秋の季語。きのこは秋に発生するものだと思っている人は、けっこう多いかもしれません。

秋にきのこ、つまり子実体がたくさん発生するのは間違いありませんが、結論を言うなら、きのこは秋だけではなく一年中発生しています（菌糸は人の目には触れない場所でしっかり生きています）。

きのこシーズンの始まりを告げる、春のきのことして絶大な人気を誇るのは、食用になることでも知られているアミガサタケの仲間。サクラやイチョウの下に多く発生します。また、チャワンタケの仲間も春に発生する種がいくつかあります。

湿気があり温度も高い梅雨の晴れ間は、絶好のきのこ観察日和。なんてたって、きのこはカビの仲間ですから。そして、夏はきのこファンには言わずと知れた、秋に並ぶきのこの季節。暑さに耐えてフィールドへ出かければ、きっと多種多様のきのこを見ることができるはずです。

寒さが厳しく、場所によっては多量の積雪も考えられる冬は、きのこにとってもつらい季節。しかし、ヒラタケや、別名ユキノシタとも呼ばれるエノキタケなどは、寒さもなんのその、真冬に雪をかき分けて発生するケースも珍しくなく、きのこが少ない季節にきのこファンを楽しませてくれます。

また、サルノコシカケの仲間のように、子実体が年々大きく育っていく種類は、季節を問わずにその姿を見ることができます。

きのこは、春と秋、夏と秋など年に二回発生するもの、春から秋、または夏から秋にかけて断続的に発生するものなど、種類によってさまざま。同じ場所で年に複数回見られるきのこもたくさんあります。

きのこは、じめじめしたところが好きだというイメージがありますが、湿り過ぎている場所では逆に姿を見ることができません。また、雨が降ったすぐ後に発生するわけではなく、十日以上前、時には半年以上前の降水量が影響している、という研究結果もあります。

四季折々の草花を楽しむように、
四季折々のきのこも楽しみたい

上＿白い冬の世界で異彩を放つアカウロコタケ　下＿雪の間から顔をのぞかせる天然のエノキタケ

きのこの季節

冬　春

上＿ファンの間では春を告げるきのことして人気のアミガサタケ
下＿イチリンソウ属の草花が開花する時期、根本に発生するアネモネタマチャワンタケ

きのこの季節

夏

上＿初夏に水辺で発生するカンムリタケ
下＿まさに朱鷺色をしたトキイロヒラタケ

北国の夏の森を彩る代表的なきのこと言えば、
人工栽培も盛んに行われているタモギタケ

きのこの季節

秋

早いものは初夏から発生するが秋になると
存在感を増すヌメリスギタケモドキ

上＿日本最強の毒きのことして知られるドクツルタケは美しい姿で森の秋を彩る
下＿ムラサキシメジが姿を現すようになると森に雪が降るのもそう遠くない

どこに生えるの？

きのこと環境

地球上に生息する植物の約八十パーセントが、菌類と何らかの共生関係にあるという説があるそうですが、森では、きのこは複数の木と、木は複数のきのこと、菌根でつながっていて、地面の下ではインターネットならぬ菌根ネットが、縦横無尽に張り巡らされています。

　この本の監修をお願いした保坂健太郎博士にお聞きしたところ、日本ではシラカバなどカンバ類の菌根菌として知られているベニテングタケは、実は、世界的にみると、マツ科、ブナ科などの樹木と共生関係にある方が普通。菌根性として知られているきのこのうち、菌根共生をする樹木の種類が最も多様だとも言われているそうです。さすがベニテングタケ、只者ではありません。

　森には、ギンリョウソウなど、葉緑素を持たない植物も生息しています。植物なのに光合成ができないとは一大事。いったいどうやって生きているのかというと、なんと、きのこ（ベニタケの仲間）から栄養をもらっているんです。つまり、寄生。菌根菌と樹木のように、互いに栄養のやりとりする関係ではなく、きのこから一方的に栄養を得ているということで、ギンリョウソウは菌従属栄養植物と言われています。また、シュンランは、葉緑素を持っていて光合成をしますが、個体によっては五種類以上のきのこと共生していることが知られています。

　一方、きのこを食べて生きている動物もたくさんいます。哺乳類のクマやリスはもちろん、昆虫もきのこが大好き。食料としてはもちろん、傘があるから雨露をしのぐのにも適しているので、羽虫から甲虫までいろいろな昆虫が集まっています。きのこを撮影していると頻繁に目にする、黒地にオレンジの斑点がある虫は、その名もキノコムシ。いつもガツガツときのこを食べています。ヤスデやナメクジなども好んできのこを食べていますし、共食いとも言うべき、きのこを「食べる」きのこやカビも見られます。あ、人間もきのこが大好きですよね。

グッズのモチーフに使われるなど、
毒きのこながら人気が高いベニテングタケ

きのこは植物や動物の遺骸を分解して無機物にする働きをしているだけではなく、菌根菌はネットワークを通じて森の木々を育てていますし、動物あるいは菌類の食料としても役立っています。森のコーディネイターと言われることがありますが、そんな言葉では表せないほど、森には無くてはならない存在だと言えるのではないでしょうか。

きのこが生える場所

きのこは植物よりも動物に近い生物。動物と同じく生命活動に必要な栄養を自分でつくることができないので、他の生物からもらわないと生きていくことができません。

ひと口にきのこと言っても、本当にたくさんの種類があり、その生態も多岐にわたるので、ひとくくりにして説明することはとても困難なのですが、基本的には、胞子が飛散して、着地した場所で条件が整えば、発芽し、菌糸を伸ばして成長していきます。

きのこの菌糸は、表面にさまざまな酵素を分泌して、複雑な物質を低分子にまで分解し、吸収します。生態系の中で「分解者」と呼ばれているだけあって、分解する対象、つまりきのこが発生する場所は、植物、動物、菌類など関係なく、生体に、遺骸に、排泄物に、さまざま。あまり知られてないのですが、倒木、枯木など、樹木の木質基質を効率的に分解できるのは、きのこなど菌類だけです。

ちなみに、勘違いしている人が多いのですが、シイタケの人工栽培は、小さな「きのこ」を種付けして、成長するのを待っているのではありません。シイタケが好む材に、種菌、つまり菌糸を植え付け、菌糸が木材から栄養を吸収しつつ成長し、生殖のために子実体をつくるのを待っているんですね。

自然状態でも、人工栽培でも、地上に現れたきのこの子実体は、地面や腐朽木の中で生きている本体、つまり菌糸の成長具合や大きさと、比例して現れるわけではないそうです。ですから、きのこの研究をする場合は、発生した子実体のみを調べるだけでは不十分。肉眼ではほとんど見えない菌糸の具合をチェックする必要があります。確かに、植物の実ばかり研究したところで、その植物の全体像を理解するのはほとんど不可能ですよね。きのこにもまったく同じことが言えます。

地中や腐朽木中の肉眼ではほとんど見えない菌糸を探すなんて、相当骨が折れそう……。いやはや、きのこ研究者の大変さが身にしみます。

上＿タケハリカビに寄生されてしまったチシオタケ
下左、左右＿菌従属栄養植物のギンリョウソウはベニタケの仲間から栄養を得ているらしい

きのこが生える場所

立ち木

発光することで知られるツキヨタケは、
誤食率ナンバーワンの毒きのこ

上__マスタケの鱒色の肉は最初柔らかく成熟すると硬くなる
下__ヒラタケに似るが成熟しても白く薄いままのウスヒラタケ

上＿湖に倒れこんだアカエゾマツから小さなきのこが顔を出していた
下＿古いトドマツの倒木から発生したハナビラダクリオキン

上＿傘の裏側が網目のように美しいアミスギタケ
下＿オオワライタケは腐朽が進んだ広葉樹の倒木を好む大型きのこ

針葉樹や広葉樹を問わず、
各種森の地上で姿を現すクロハツモドキ

上__太い根株から枝分かれするように発生するシャカシメジ
下__クサハツは北海道では針広混交林で発生することが多い

上＿アシグロホウライタケは落葉を分解する極小きのこ
下＿落葉から群生するオチバタケの仲間

上__エゾリスが齧った松ぼっくりから発生したオチバタケの仲間
下左__小枝からぴんと伸びているウマノケタケ
下右__枯枝から発生するサンゴ型のきのこもいくつか存在する

上＿ナラタケに寄生すると（あるいは寄生されると）丸く奇形するタマウラベニタケ
下＿ヤグラタケはきのこ（クロハツの仲間）に寄生するきのこ

上左＿ギベルラ属はクモに寄生する冬虫夏草の仲間　上右＿ハチに寄生する冬虫夏草のハチタケ
下＿浅い地中にいるガの蛹から発生する冬虫夏草のサナギタケ

きのこを調べる

きのこ写真家を名乗っているので、ぼくはきのこに詳しいと思われることが多いのですが、実は、分類的には初心者同然です。もちろん、代表的なきのこの名前くらいは知っていますが……。

最近では、ほとんどの人が、携帯電話それもスマートフォンを持っているので、珍しいきのこや知らないきのこを見つけたとき、画像や動画で簡単に記録できるようになりました。そのため、ぼくのところにも「このきのこは何ですか?」と、写真を添付したメールを送ってくる人がたまにいます。

はっきり言ってしまうと、ほとんどわかりません!

しかも送ってくる写真は、十中八九、上から傘を写しているだけで、まったくの情報不足。図鑑できのこを調べたことがある人ならわかると思いますが、知らないきのこを同定するのは、すごく大変なんです。

以下にざっと、きのこの同定に必要だと思われる要素を列記しますので、参考にしてください。

傘や柄など、きのこの各パーツの、形、大きさ、色、表面の形状はどうなっているか。傘の裏側はどうなっているか。ヒダや管孔と柄との関係はどうなっているか。柄は傘のどの部分から出ているか。ツバやツボはあるか。匂いや味（なかなか勇気が必要ですが）はどうか。そしてけっこう忘れがちなんですけど、樹木の種類などきのこが生えている環境はどんな場所だったのか、などなど。

きのこの名前が知りたい時は、何をおいても、専門家に聞くのがいちばんです。前述の必要要素をそろえた上で、近くの保健所、専門の部門がある大学や研究機関、きのこの会や同好会などに問い合わせてみてください。もちろん、現物を見てもらうのがいちばん確実ですが、サルノコシカケの仲間など、一部を除けばきのこは基本的に日持ちしないので、持ち込むにはスピードが勝負です。

きのこの同定を求める人の多くは、食べられるかどうかが知りたいのだと思いますが、誰かに聞かれた場合は、生半可な知識で答えるのは絶対にやめましょう。毒きのこを誤食したら命に関わりますから。

左から＿ベニテングタケ、ナラタケ、ツチグリ、ムラサキフウセンタケ、タマゴタケ

きのこを撮影する場合は動きが少ないので
夏から秋にかけては防虫ネットが必需品

きのこの撮り方

きのこの写真を撮って楽しんでいる方もいると思います。きのこの写真を撮影するうえで、ぼくが心がけていること、そしてちょっとしたコツなどをお教えします。

きのこ観察の準備編に書きましたが、ぼくは、森へ出かけるときの服装として、真夏でもレインウエアをお勧めしています。吸血昆虫対策が主な理由なのですが、防水素材であれば、多少湿った地面でも汚れを気にせず、腹ばいになれるんです。そう、小さなきのこを撮影するのですから、きのこの「目線」になるのは基本中の基本。きのこの気持ちに少しでも近づく努力をすれば、必ず実ならぬ胞子を結びます。

同じ場所でも、立っているのと、しゃがむのと、腹ばいになるのでは、わずか一メートル前後の視線移動なのに、きのこや森の見え方は劇的に変化します。ほとんどの人は、立ったまま、あるいは、たまにしゃがんで写真を撮っていると思いますが、腹ばいになったときの視線を知らずしてきのこ写真は語れないと、ここで断言しておきます。

きのこは、広大な森の中から、その場所を選んで子実体をつくったわけで、きのこが選んだ場所ときのこ、両方が映える写真を撮りたいといつも思っています。ぼくが通っている、北海道の阿寒地方や、東北の白神山地、八甲田、奥入瀬は、誰もが知っている有名な景勝地。そんな素敵な環境で、かわいいきのこを撮影できるなんて、もう、最高。本当に楽しいです。

小さいきのこを撮影するのですから、小さいカメラが便利です。ぼくは長い間、いわゆるプロ用と称される、漬物石の代わりになるような、大きくてごつごつしたデジタル一眼レフカメラをメインに使っていたのですが、近頃は小型軽量のミラーレスタイプのカメラを使うことが多くなりました。

カメラが小さくて軽ければ、いつでも気軽に持ち歩くことができるので、それだけ多くのシャッターチャンスをモノにすることができます。何より、フィールドワークに遂行する荷物や装備は、行動範囲を広げるためにも、少ないに限ります。

今やスマートフォンもカメラと同等の性能を持ちつつありますが、写真を撮影するのであれば、やはりカメラを使うのがベストです。また、小さい方がいいと言いつつも、コンパクトデジタルカメラよりは、一眼レフカメラなど、望遠から広角までいろいろなレンズを選択できるタイプのカメラをオススメします。

使用するレンズは、とりあえず標準ズームレンズで十分。加えて、マクロレンズと、広角ズームレンズがあれば言うことなしです。レンズに関しては、価格と性能が比例するので、自分の用途と予算で折り合いをつけてください。

画素数とかイメージセンサーの大きさは、あまり気にする必要はないかと。ただし、一般的なコンパクトデジタルカメラは、フルサイズ、あるいはAPS－Cサイズのイメージセンサーを搭載したカメラに比べると、画素数が高いからといって必ず高画質であるとは限りません。

コンパクトデジタルカメラは、持ち運びが楽なので記録用の写真を撮るのにぴったり。基本的にピントが合う範囲が広いので、きのこと風景の両方を撮影したいときにも重宝します。また、ルーペや虫眼鏡をカメラのレンズの前に置き、液晶画面でピントや構図を確認しながらカメラを前後させると、簡単にクローズアップ写真を撮ることができます。機会があればお試しあれ。

カメラ以外の遂行品としては、光を回すレフ板があると便利ですが、白いタオルや紙、アルミホイルでも代用可能です。森は日中でも暗いので、基本的には三脚が必需ですが、カメラを地面に直置きし、ブレないようにあれこれ工夫して撮影すると、きっとそれまで気付かなかったアングルの写真が撮れると思います。

最近の携帯電話は性能がいいので、けっこうきれいに撮影できる

それと、ぼくは「お化粧セット」と呼んでいるのですが、きのこについたゴミや土を取り除く、ブラシやピンセットがあると便利です。あまり気にならないという人もいますけど、きのこの本体やその周りのゴミや邪魔なものを取り除くだけで、写真の見栄えがぐっと良くなります。

あとは、一日でも、一時間でも長く森に滞在して、写真を撮りまくりましょう。撮れば撮るほど、きっと写真は上達するはずです。

上＿コンパクトデジタルカメラのレンズにルーペを重ねると超接写が可能
下＿森の中は基本的に暗いので撮影は三脚の使用が前提

きのこ前、きのこ後。

——あとがきに代えて——

ぼくは、デジタルカメラで撮影したきのこの写真データを、年代ごとに分けて、外付けのハードディスクドライブに保存しています。いちばん古いフォルダは二〇〇七年。つまり、意識してきのこの写真を撮影するようになったこの年が、きのこ写真家元年というわけで、以来、初夏から晩秋にかけて、北海道の阿寒湖周辺の森で、ほとんど毎日、きのこを求めて歩きまわり写真を撮影しています。

森で地面から生えている小さなきのこを見つけたら、両膝をついたり、腹ばいになったりして、きのこの高さに目を合わせるように観察。湿ったような、少しだけつんとくる土の匂いを感じると、きのこと同じ世界を共有できたような気がします。

森へ行くということは、森に自分の日常を持ち込むのではなく、森の日常に自分を合わせること。きのこの気持ちになるには（別にきのこの気持ちになる必要はありませんが）、きのこと同じ視線で森を眺めることが大切なのではないかと思います。

毎年同じ場所に、同じ種類のきのこが生えるとしても、当然のことながらひとつとして同じきのこはありません。傘ひとつ見ても、形や表面の色や模様や質感など、それぞれのきのこがそれぞれの特徴を持っています。そして、きのこを見れば見るほど、その精緻な造形に、絶妙な色合いに、どんどん惹かれていきます。

きのこを三六〇度じっくり見渡し、どの面をどの角度で撮影するのがいちばんかわいく見えるか、どの方向を背景にするか、背景はしっかり写すかぼかすか、などなど、あれこれ考えながらシャッターを切っていると、つい時間を忘れてしまいます。

加えて、ぼくがきのこ撮影に出かけている、北海道阿寒湖周辺、東北の白神山地や八甲田山の周辺は森もまた超一級品。人の手がほとんど入らない「本物」の森です。たくさんの木々や草花が生えていて、爽やかな風がそよと吹き、清涼な水があちこちに……。都会と森を行き来し、森で過ごす時間が長くなればなるほど、きれいな空気と水が、いかに重要でいかに価値あるものかを実感します。一度損なわれてしまったら、元通りにするにはどれほどの年月と費用が必要か……。いや、どれほどお金を費やしても、決して元通りにはできないんですよね。

そんなことをつらつら考え、自然に恵まれた素晴らしい環境で、きのこの写真を撮影できる喜びたるや、もう。それに比べたら、暑さや寒さ、大雨や濃霧、クマさんの出没、スズメバチの襲撃、蚊やヌカカなど吸血昆虫の猛襲なんか、ほんの些細なことでしかありません。いや、大変なことは大変なんですけど……。でも、やはり、森へ行きたいと思います。

それにしても、きのこと自分が、阿寒の森の中で同時に存在している奇跡！　考えてみればすごいことですよね。脳みそが悲鳴を上げるような天文学的数字の確率で起こった偶然が、どれだけ重なれば今があるのか見当もつきません。

きのことぼくの出会いだけではなく、この本を通じたぼくとあなたとの出会いも同じこと。もし生まれた時代が少し違えば出会うことはなかったわけですし、それより何より、もし四十億年前に地球生命が誕生しなかったら、いや、四十六億年前に地球が生まれなかったら、いやいや、百三十八億年前にビッグバンやらが起きなかったとしたら……。

だからこそ、そんな奇跡の積み重ねから生まれている、今を、美しい自然環境を、本当に大切にしたいと強く思います。きのこのために、自分のために、あなたのために、そして、みんなのために。

ぼくにとって、きのこを見ることは、世界を見ること、そして自分を見ることでもあると、最近になってようやく気づきました。世の中で生きていくのに必要なことは、きのこがみんな教えてくれるんです！　きのこに出会ったことで、それ以前とはまったく違う自分に生まれ変わったと言ってもいいかもしれません。ぼくの人生の新しい扉を開けてくれたきのこに、そして、あなたとの出会いを与えてくれたきのこに、感謝、感謝、です。


この本は、きのこという、美しくもあり、かわいくもあり、気持ち悪くもあり、恐くもあり、天使のような、悪魔のような、良いも悪いも超越した生物の魅力を、一人でも多くの方に伝えることができたらいいなあという想いで、文一総合出版の若き編集者・境野圭吾さんと二人三脚でつくりあげました。読後に、ちょっときのこを見てみたいとか、森へ行ってみたいという気持ちになったり、きのこや森や自然について、興味を持っていただくきっかけになれたら、しめしめです。

そんな想いを具現化するにあたって、幸いなことに三人の方に力を貸していただくことができました。

ブックデザインをお願いした、酒井田成之さん、そして小川直樹さん。きのこにそれほど興味を持っていないであろう、二十代、三十代くらいの娘さんにも抵抗なく手に取ってもらえるような、今までにはないおしゃれで美しいきのこ本をつくりたい！と、本の企画段階から思っていたのですが、予想通りに予想を上回る素敵な本にしていただきました。酒井田さんとは、阿寒の森を実際に何度か一緒に歩いているので、これ以上の適任者は考えられませんでした。

そして、もう一人。「ほぼ日刊イトイ新聞」の連載仲間のあーちん画伯。打ち合わせの時にも見せてくれた、きらきらと輝く笑顔そのままの素敵なイラストを描いてくれました。写真と文字だけで構成される予定だったこの本に、かわいらしさとあたたかさと爽やかさが加わりました。

お三方、ありがとうございました。

そして、最後になりますが、ここまでお読みいただいたあなたに感謝します。

ありがとうございました。

花粉と柴犬はなさんの大量の抜毛と戦いつつ

二〇一五年三月吉日　新井文彦

注意　本書では、あえて、きのこの食毒には触れてません。きのこを見分けるのは慣れた人でも難しいので、食毒を判断する場合は必ず専門家にご相談ください。

各種きのこに、地衣類に、コケ類など、
隠花植物好きにはたまらない光景

参考文献

きのこについて

・『毒きのこ 世にもかわいい危険な生きもの』ネイチャー&サイエンス／構成・文、新井文彦／写真　幻冬舎（2014年）
・『（きのこファンのための）はじめての菌類学』（1）（2）中島敦志／著　amazon Kindle本（電子書籍）（2013年）
・『キノコの教え』小川眞／著　岩波新書（2012年）
・子供の科学☆サイエンスブックス『きのこの不思議 きのこの生態・進化・生きる環境』保坂健太郎／著　誠文堂新光社（2012年）
・山溪カラー名鑑『増補改訂新版 日本のきのこ』　山と溪谷社（2011年）
・『きのこのチカラ』飯沢耕太郎／著　マガジンハウス（2011年）
・Gakken増補改訂フィールドベスト図鑑13『日本の毒きのこ』学習研究社（2009年）
・『冬虫夏草ハンドブック』盛口満／著、安田守／写真　文一総合出版（2009年）
・『きのこの下には死体が眠る!? 菌糸が織りなす不思議な世界』吹春俊光／著　技術評論社（2009年）
・『楽しい自然観察 きのこ博士入門』根田仁／著、伊沢正名／写真　全国農村教育協会（2006年）
・『冬虫夏草の謎』盛口満／著　どうぶつ社（2006年）
・『北海道のキノコ』五十嵐恒夫／著　北海道新聞社（2006年）
・『詳細図鑑 きのこの見分け方』大海秀典・大海勝子・坂井修一／著　講談社（2003年）
・『東北のキノコ』日本菌学会東北支部編　無明舎出版（2001年）
・山溪フィールドブックス10『きのこ』本郷次雄／監修・解説、伊沢正名／写真　山と溪谷社（1994年）
・『北海道きのこ図鑑』髙橋郁雄／著　亜璃西社（1991年）

その他

・『森のふしぎな生きもの 変形菌ずかん』川上新一／著、伊沢正名／写真　平凡社（2013年）
・子供の科学☆サイエンスブックス『菌類の世界 きのこ・カビ・酵母の多様な生き方』細矢剛／著　誠文堂新光社（2011年）
・『粘菌 その驚くべき知性』中垣俊之／著　PHPサイエンス・ワールド新書（2010年）
・『地衣類のふしぎ コケでないコケとはどういうこと? 道ばたで見かけるあの“植物”の正体とは?』柏谷博之／著　サイエンス・アイ新書（2009年）
・国立科学博物館叢書9『菌類のふしぎ 形とはたらきの驚異の多様性』国立科学博物館編　東海大学出版会（2008年）
・『粘菌 ～驚くべき生命力の謎～』松本淳／解説、伊沢正名／写真　誠文堂新光社（2007年）
・日本の森林／多様性の生物学シリーズ2『菌類の森』佐橋憲生／著　東海大学出版会（2004年）
・『日本変形菌類図鑑』萩原博光・山本幸憲／解説、伊沢正名／写真　平凡社（1995年）
・野外ハンドブック13『しだ・こけ』岩月善之助／解説、伊沢正名／写真　山と溪谷社（1986年）
・『森の魔術師　変形菌の世界』萩原博光／著　国立科学博物館
※企画展「森の魔術師 ―変形菌（粘菌）の世界―」の図録

その他、インターネットのウェブサイトなどを参照しました.

きのこ写真索引

著者
新井 文彦（あらいふみひこ）
一九六五年生まれ。きのこ写真家。初夏から晩秋にかけては、北海道釧路地方の阿寒湖に滞在し、ネイチャーガイドも行う。著書は『きのこの話』（ちくまプリマー新書）。『毒きのこ 世にもかわいい危険な生きもの』（幻冬舎）など、書籍、雑誌、広告などに写真提供多数。糸井重里氏主催のインターネットサイト「ほぼ日刊イトイ新聞」で毎週菌曜日に「きのこの話」を連載中。本人ウェブサイト「浮雲倶楽部」http://ukigumoclub.com/

きのこのき

きになるきのこのきほんのほん
二〇一五年五月三一日 初版第一刷発行

発行者：斉藤 博
発行所：株式会社 文一総合出版
〒一六二―〇八一二
東京都新宿区西五軒町二番地五号 川上ビル
〇三―三二三五―七三四二［編集］
〇三―三二三五―七三四一［営業］
http://www.bun-ichi.co.jp/
振替：〇〇一二〇―五―四二一四九
印刷：奥村印刷株式会社

AD：酒井田 成之
デザイン：小川 直樹
イラスト：あーちん
監修：保坂 健太郎（国立科学博物館植物研究部）
監修協力：大村 嘉人（国立科学博物館植物研究部）
川上 新一（山形県立博物館植物部門担当）
撮影協力：新井 華、境野 圭吾、藤井 久子、福田 利之、安井 紫穂、山谷 登美子、山谷 友美子［敬称略］

ISBN978-4-8299-7208-3 Printed in Japan
定価はカバーに表示してあります。
乱丁・落丁本はお取り替えいたします。